中国建筑业协会建筑安全分会
北京建工一建工程建设有限公司　编著

建设工程施工现场环境与卫生标准

JGJ146-2013 实施指南

中国建筑工业出版社

图书在版编目（CIP）数据

建设工程施工现场环境与卫生标准 JGJ146-2013
实施指南／中国建筑业协会建筑安全分会，北京建工一建
工程建设有限公司编著。—北京：中国建筑工业出版社，
2014.11

　　ISBN 978-7-112-17475-1

　　Ⅰ.①建…　Ⅱ.①中…②北…　Ⅲ.①建筑工
程-施工现场-环境卫生-卫生标准-中国-指南
Ⅳ.①TU714-65②X322.2-65

　　中国版本图书馆 CIP 数据核字（2014）第 265760 号

责任编辑：杜一鸣
责任校对：李欣慰　王雪竹

建设工程施工现场环境与卫生标准JGJ146-2013实施指南

中国建筑业协会建筑安全分会
　　　　　　　　　　　　　　编著
北京建工一建工程建设有限公司
　　　　　　　＊
中国建筑工业出版社出版、发行（北京西郊百万庄）
各地新华书店、建筑书店经销
北京方舟正佳图文设计有限公司制版
北京缤索印刷有限公司印刷
　　　　　　　＊
开本：880×1230毫米　1/32　印张：3　字数：98千字
2015年1月第一版　2015年1月第一次印刷
定价：29.00元
ISBN 978-7-112-17475-1
　　（26687）

《建设工程施工现场环境与卫生标准》
JGJ146-2013实施指南
编委会

主　　编：张鲁风　杨崇俭

副 主 编：邵长利　孙宗辅　徐敬贤

编　　委：王兰英　王华军　孙京燕　邹爱华　孙海东　姚永辉　周长青　张世功

参编人员：王治海　白秋玲　王福江　马　波　王月强　杨素珍　文　玲　赵子萱

主 审 人：杨崇俭

前　言

改革开放以来，特别是进入 21 世纪后，我国工程建设规模不断扩大，建筑业持续快速发展，对施工现场安全施工、文明施工、绿色施工的要求也越来越高。建设工程施工现场的环境与卫生，直接关系到广大建筑业从业者及其相关人员的健康安全，必须引起各级政府主管部门和广大建筑业企业的高度重视。最近，习近平总书记作出重要指示：人命关天，发展决不能以牺牲人的生命为代价。这必须作为一条不可逾越的红线。要始终把人民生命安全放在首位，以对党和人民高度负责的精神，完善制度、强化责任、加强管理、严格监管，把安全生产责任制落到实处，切实防范重特大安全生产事故的发生。

2013 年 11 月住房和城乡建设部批准颁布了《建设工程施工现场环境与卫生标准》JGJ146-2013（以下简称《标准》），自 2014 年 6 月 1 日起正式实施。该标准的颁布实施，对提升建筑行业安全施工、文明施工、绿色施工管理水平，改善广大建筑业职工生产作业环境和生活条件，具有十分重要的意义。

为了帮助广大建筑业从业人员学习和贯彻执行《标准》，中国建筑业协会建筑安全分会和北京建工一建工程建设有限公司共同编写了《建设工程施工现场环境与卫生标准 JGJ146-2013 实施指南》一书。本书严格依照有关法规和标准，认真总结国内经验，结合施工现场实际，按照《标准》的章节顺序，对所有条文进行了较为全面、详细和图文并茂的解释。

本书由《标准》的主要起草人——北京建工一建工程建设有限公司杨崇俭同志主编，孙宗辅、孙京燕、邹爱华等同志参与编写。在编写过程中，本书得到了有关地方建设行政主管部门、建设安全协会和广大建筑业企业的支持与帮助。在此，谨向他们表示衷心的感谢！

本书的不足之处，敬请广大读者予以指正。

《建设工程施工现场环境与卫生标准

JGJ146-2013 实施指南》编委会

2014 年 9 月

目 录

1 总则

1.0.1.1　标准原文：

为节约能源资源，保护环境，创建整洁文明的施工现场，保障施工人员的身体健康和生命安全，改善建设工程施工现场的工作环境与生活条件，制定本标准。

1.0.1.2　条文释义：

《建筑施工现场环境与卫生标准》JGJ 146-2004，自 2005 年 3 月 1 日起施行已近十年时间。实施以来，积极推动了建设工程施工现场环境与卫生标准化建设，提升了国内建筑行业安全文明施工管理水平，改善了建筑业从业人员生产作业环境和生活环境，成为推动建设工程施工现场安全文明施工的重要依据。

但是随着时间的推移，原《标准》渐渐不能适应新时代的要求，近年来环境保护理念深入人心，对施工现场安全文明施工和环境卫生的要求也越来越高。本《标准》的修订宗旨，是要符合国家有关低碳、节能的环保要求，融入"以人为本"和"绿色施工"等理念，进一步提高建设工程施工现场安全文明施工和环境卫生标准。

1.0.2.1　标准原文：

本标准适用于新建、扩建、改建的房屋建筑与市政基础设施工程的施工现场环境与卫生的管理。

1.0.2.2　条文释义：

规定了本标准的适用范围。房屋建筑与市政基础设施工程是国家建设主管部门管辖的范围，本标准适用于国家建设行政主管部门所管辖的工程，包括建筑工程、市政工程、管道工程、设备安装工程、装修装饰工程、拆除工程等。

1.0.3.1　标准原文：

建设工程施工现场环境与卫生管理除应符合本标准的规定外，尚应符合国家现行有关标准的规定。

1.0.3.2　条文释义：

说明本标准与其他相关标准的关系。

2 术语

2.0.1.1 标准原文：

环境保护 environmental conservation

为解决现实的或潜在的环境问题，协调人类与环境的关系，保障经济社会的健康持续发展而采取的各种活动的总称。

2.0.1.2 条文释义：

为了准确理解标准中所称的环境保护，可以把环境保护分为广义的环境保护和狭义的环境保护。广义的概念是指为解决现实的或潜在的环境问题，协调人类与环境的关系，保障经济社会的健康持续发展而采取的各种活动的总称。狭义的环境保护指在施工生产过程中进行的环境保护，也是绿色施工过程中环境保护措施的总称。

2.0.2.1 标准原文：

环境卫生 environmental sanitation

指施工现场生产、生活环境的卫生，包括食品卫生、饮水卫生、废污处理、卫生防疫等。

2.0.2.2 条文释义：

环境卫生会直接影响到施工人员的身心健康。环境卫生的范围非常复杂而广泛，其内容大致包括：饮水卫生、食品卫生、废污处理（包括污水处理、垃圾处理）、卫生防疫、公害防治（包括空气污染防治、水污染防治、噪声管制等）等。

2.0.3.1 标准原文：

绿色施工 green construction

是工程建设中实现环境保护的一种手段，在保证质量、安全等基本要求的前提下，通过科学管理和技术进步，最大限度地节约资源与减少对环境负面影响的施工活动，实现节能、节地、节水、节材和环境保护。

2.0.3.2 条文释义：

绿色施工包含在广义的环境保护中，是广义的环境保护的一部分，是工程建设中实现环境保护的一种手段。绿色施工的概念主要源自《绿色施工导则》（建质 [2007] 223 号）。

2.0.4.1 标准原文：

临时设施 temporary facilities

施工期间临时搭建、租赁及使用的各种建筑物、构筑物。

2.0.4.2 条文释义：

临时设施是指施工期间临时搭建、租赁及使用的各种建筑物、构筑物。包括现场临时搭建、租赁的职工宿舍、办公室、休息室、食堂、浴室、医务室、理发室、厕所等办公生活设施；作业棚、机具棚、材料库、垃圾站、化灰池、储水池、洗车间等生产设施；临时道路、围墙等交通围挡设施；临时给排水、供电、供热等管线设施。

2.0.5.1 标准原文：

施工人员 site personnel

在施工现场从事施工活动的管理人员和作业人员，包括建设、施工、监理等各方参建人员。

2.0.5.2 条文释义：

施工人员指的是在施工现场从事施工活动的管理人员和作业人员，包括建设、施工、监理等各方参建人员。未参与施工管理和作业的人员不包含在施工人员中。

2.0.6.1 标准原文：

建筑垃圾 construction trash

在新建、扩建、改建各类房屋建筑与市政基础设施工程施工过程中产生的弃土、弃料及其他废弃物。

2.0.6.2 条文释义：

按照《城市建筑垃圾管理规定》（建设部令第 139 号）第二条的规定，建筑垃圾是指建设单位、施工单位新建、改建、扩建和拆除各类建筑物、构筑物、管网等以及居民装饰装修房屋过程中所产生的弃土、弃料及其他废弃物。

建筑垃圾虽是废弃物，但经过精心策划、分类挑选，建筑垃圾可以进行再利用。

3 基本规定

3.0.1.1 标准原文：

建设工程施工总承包单位应对施工现场的环境与卫生负总责，分包单位应服从总承包单位的管理。参建单位及现场人员应有维护施工现场环境与卫生的责任和义务。

3.0.1.2 条文释义：

根据《建设工程安全生产管理条例》规定，施工总承包单位应对施工现场安全生产管理负总责，分包单位应服从总承包单位的管理。施工总承包单位应对施工现场的环境与卫生负总责。分包单位应服从总承包单位的管理，做好分包施工范围内的环境与卫生管理。包括分包单位在内的参建单位及现场人员应有维护施工现场环境与卫生的责任和义务，自觉执行有关环境与卫生方面的法律、法规等相关规定和总承包单位管理规定。

3.0.2.1 标准原文：

建设工程的环境与卫生管理应纳入施工组织设计或编制专项方案，应明确环境与卫生管理的目标和措施。

3.0.2.2 条文释义：

建设工程的环境与卫生管理应纳入施工组织设计，如果施工组织设计中无相关内容，应编制专项方案。施工组织设计或者专项方案都应明确环境与卫生管理的目标和措施。

3.0.3.1 标准原文：

施工现场应建立环境与卫生管理制度，落实管理责任，应定期检查并记录。

3.0.3.2 条文释义：

施工现场应建立环境与卫生管理制度，制度中应包括环境保护、卫生保洁垃圾处理和办公区、生活区、食堂、厕所、浴室卫生管理等内容，管理责任应明确落实到人，总承包单位的环境与卫生管理相关责任人，应定期组织检查并留存相关记录。

3.0.4.1 标准原文：

建设工程的参建单位应根据法律法规的规定，针对可能发生的环境、卫生等突发事件建立应急管理体系，制定相应的应急预案并组织演练。

3.0.4.2 条文释义：

1. 根据《中华人民共和国突发事件应对法》第 23 条的规定：矿山、建筑施工单位和易燃易爆物品、危险化学品、放射性物品等危险物品的生产、经营、储运、使用单位，应当制定具体应急预案，并对生产经营场所、有危险物品的建筑物、构筑物及周边环境开展隐患排查，及时采取措施消除隐患，防止发生突发事件。

2. 参与工程建设的施工总承包等单位应根据施工现场具体情况，针对可能发生的环境、卫生等突发事件建立应急管理体系，制定相应的应急预案并组织演练。例如针对可能发生的食物中毒、暴发传染病等情况制定应急预案。

图 3-1　施工现场开展突发事故抢险应急演练

图 3-2　施工现场开展消防应急演练

图 3-3　施工现场开展人员伤亡急救应急演练

图 3-4　施工现场开展人员伤亡急救应急演练

图 3-5　施工现场开展防灾减灾宣传

图 3-6　施工现场开展突发事件应急演练

3.0.5.1　标准原文：

当施工现场发生有关环境、卫生等突发事件时，应按相关规定及时向施工现场所在地建设行政主管部门和相关部门报告，并应配合调查处置。

3.0.5.2　条文释义：

1. 施工现场环境突发事件是指在施工现场发生的，造成或可能造成环境状况、生命健康、财产严重损害，危及环境公共安全的一种紧急事件。施工现场发生环境突发事件后，应按照工程所在地《突发环境事件应急预案》和《突发环境事件信息报告办法》等有关规定，做好现场应急处置和上报工作。

2. 施工现场卫生突发事件是指在施工现场已经发生或者可能发生的、对公众健康造成或者可能造成重大损失的传染病疫情和不明原因的群体性疫病，以及食物中毒和职业中毒等突发事件。

3. 根据《中华人民共和国传染病防治法》、《突发公共卫生事件应急条例》等有关规定，公共卫生监测机构、医疗卫生机构及有关单位发现突发公共卫生事件，应在 2 小时内向所在地区县（区）级人民政府的卫生行政部门报告。施工现场发生突发公共卫生事件应在规定时限内向属地建设行政主管部门和卫生行政主管部门报告，并按照要求做好现场处置等工作。

4. 法定传染病的识别以《中华人民共和国传染病防治法》、《中华人民共和国传染病防治法实施办法》和国务院卫生行政部门的规定为准。目前法定传染病包括甲、乙、丙三类：

甲类传染病也称为强制管理传染病，共 2 种，包括：鼠疫、霍乱。对此类传染病发生后报告疫情的时限，对病人、病原携带者的隔离、治疗方式以及对疫点、疫区的处理等，均强制执行。

乙类传染病也称为严格管理传染病，共 26 种，包括：传染性非典型肺炎、艾滋病、病毒性肝炎、脊髓灰质炎、人感染高致病性禽流感、麻疹、流行性出血热、狂犬病、流行性乙型脑炎、登革热、炭疽、细菌性和阿米巴性痢疾、肺结核、伤寒和副伤寒、流行性脑脊髓膜炎、百日咳、白喉、新生儿破伤风、猩红热、布鲁氏菌病、淋病、梅毒、钩端螺旋体病、血吸虫病、疟疾、人感染 H7N9 禽流感。对此类传染病要严格按照有关规定和防治方案进行预防和控制。其中，传染性非典型肺炎、炭疽中的肺炭疽这两种传染病虽被纳入乙类，但可直接采取甲类传染病的预防、控制措施。

丙类传染病也称为监测管理传染病，共 11 种，包括：流行性感冒、流行性腮腺炎、风疹、急性出血性结膜炎、麻风病、流行性和地方性斑疹伤寒、黑热病、包虫病、丝虫病，除霍乱、细菌性和阿米巴性痢疾、伤寒和副伤寒以外的感染性腹泻病、手足口病。对此类传染病要按国务院卫生行政部门和属地政府相关规定进行管理。

3.0.6.1 **标准原文：**

施工人员的教育培训、考核应包括环境与卫生等有关内容。

3.0.6.2 **条文释义：**

对施工人员的教育培训，除了常规的安全生产、安全操作规程等教育培训

图 3-7 施工现场为农民工举办安全生产咨询日活动

外，还应包括有关施工现场环境与卫生方面的教育培训，使施工人员提高环境与卫生意识，了解必要的环境与卫生知识。

3.0.7.1 标准原文：

施工现场临时设施、临时道路的设置应科学合理，并应符合安全、消防、节能、环保等有关规定。施工区、材料加工及存放区应与办公区、生活区划分清晰，并应采取相应的隔离措施。

3.0.7.2 条文释义：

1. 施工现场临时设施、临时道路的设置应科学合理，应满足施工生产、生活办公、材料存储和道路运输等基本条件，并符合安全消防的相关规定。临时设施的设置应符合《建设工程施工现场消防安全技术规范》（GB50720）、《施工现场临时建筑物技术规程》（JGJ/T188）等标准规范，并应符合安全、消防、节能、环保等有关规定。

施工区、材料加工及存放区应与办公区、生活区划分清晰，采取防护栏或围挡等措施进行隔离，并与在建工程保持一定安全距离。如受现场条件所限，办公区、生活区与在建工程不能保持安全距离时，应采取搭设防护棚等措施进行安全防护。

2. 《建设工程施工现场消防安全技术规范》对宿舍、办公用房的防火设计有如下规定：

（1）建筑构件的燃烧性能等级应为 A 级。当采用金属夹芯板材时，其芯材的燃烧性能等级应为 A 级。

（2）建筑层数不应超过 3 层，每层建筑面积不应大于 300m²。

（3）层数为 3 层或每层建筑面积大于 200m² 时，应设置至少 2 部疏散楼梯，房间疏散门至疏散楼梯的最大距离不应大于 25m。

（4）单面布置用房时，疏散走道的净宽度不应小于 1.0m；双面布置

图 3-8　施工现场合理规划临时道路

图 3-9　施工现场外独立生活区

图 3-10　施工现场绿化区

房时，疏散走道的净宽度不应小于 1.5m。

（5）疏散楼梯的净宽度不应小于疏散走道的净宽度。

（6）宿舍房间的建筑面积不应大于 $30m^2$，其他房间的建筑面积不宜大于 $100m^2$。

（7）房间内任一点至最近疏散门的距离不应大于 15m，房门的净宽度不应小于 0.8m；房间建筑面积超过 $50m^2$ 时，房门的净宽度不应小于 1.2m。

3.0.8.1　标准原文：

施工现场应实行封闭管理，并应采用硬质围挡。市区主要路段的施工现场围挡高度不应低于 2.5m，一般路段围挡高度不应低于 1.8m。围挡应牢固、稳定、整洁。距离交通路口 20m 范围内占据道路施工设置的围挡，其 0.8m 以上部分应采用通透性围挡，并应采取交通疏导和警示措施。

3.0.8.2　条文释义：

1. 施工现场应实行封闭管理，并应采用硬质围挡。建筑施工是高危行业，施工现场相对来说也是比较危险的区域，应实行封闭式管理，防止无关人员随意出入造成不必要的伤害，减少施工作业对周围环境的不良影响。因特殊原因不能封闭的施工现场，应采取其他有效措施或设置安全标识进行警示、警告。施工现场硬质围挡是指采用砌体、混凝土预制构件、金属板材等刚性材料设置的围挡，能够做到牢固、稳定、整洁和美观，禁止使用塑料布、彩条布等易燃、易变形材料。

图 3-11 施工现场采用金属围挡

图 3-12 施工现场采用砌体围挡

图 3-13 施工现场通透性围挡

图 3-14　施工现场占道施工采用通透性围挡（一）

图 3-15　施工现场占道施工采用通透性围挡（二）

2. 市区主要路段、一般路段由当地行政主管部门划分。施工围挡的高度和外立面还应符合属地政府的相关要求。

3. 交通路口占路施工设置的围挡会遮挡车辆司机和行人的视线，造成交通安全隐患，容易诱发交通安全事故，所以距离交通路口20m范围内，0.8m以上部分的围挡采用通透性围挡。通透性围挡是指采用金属网等可透视材料设置的围挡。交通路口包括环岛、十字路口、丁字路口、直角路口和单独设置的人行横道等。

3.0.9.1　**标准原文：**

施工现场出入口应标有企业名称或企业标识。主要出入口明显处应设置工程概况牌，施工现场大门内应有施工现场总平面图和安全管理、环境保护与绿色施工、消防保卫等制度牌和宣传栏。

3.0.9.2 条文释义：

1. 为加强施工现场管理，施工现场应有固定出入口，出入口处应有工程施工总承包单位的企业名称或企业标识。主要出入口明显处应设置工程概况牌，一般应包括工程名称、面积、层数、建设单位、设计单位、施工单位、监理单位、监督单位、开竣工日期、项目经理以及联系电话等。各地

图 3-16　施工现场大门和出入口设置企业名称和工程概况牌

图 3-17　施工现场设置工程概况牌

区可根据情况适当增减工程概况牌内容和制度牌的数量。企业标识或标牌是展示企业形象的重要环节，应明晰、整洁、字体工整。

2．施工现场大门内应设置施工现场总平面图和安全管理、环境保护与绿色施工、消防保卫等制度牌和宣传栏。

3.0.10.1 标准原文：

施工单位应采取有效的安全防护措施。参建单位必须为施工人员提供必备的劳动防护用品，施工人员应正确使用劳动防护用品。劳动防护用品应符合现行行业标准《建筑施工作业劳动防护用品配备及使用标准》JGJ 184-2009 的规定。

3.0.10.2 条文释义：

1．施工单位应根据相关标准和规定采取有效的安全防护措施，保证施工人员安全。

2．根据《中华人民共和国劳动法》、《中华人民共和国安全生产法》、《建设工程安全生产条例》、《劳动防护用品监督管理规定》等法律、法规，用人单位必须为施工人员提供必备的劳动防护用品。

劳动防护用品是指施工人员在生产过程中使用的减少职业危害和意外伤害，保护人身安全与健康的防护用品。

3．《劳动防护用品监督管理规定》规定：

生产经营单位应当安排用于配备劳动防护用品的专项经费。生产经营单位不得以货币或者其他物品替代应当按规定配备的劳动防护用品。

生产经营单位为从业人员提供的劳动防护用品，必须符合国家标准或者行业标准，不得超过使用期限。生产经营单位应当督促、教育从业人员正确佩戴和使用劳动防护用品。

从业人员在作业过程中，必须按照安全生产规章制度和劳动防护用品使用规则，正确佩戴和使用劳动防护用品；未按规定佩戴和使用劳动防护用品的，不得上岗作业。

4．《建筑施工作业劳动防护用品配备及使用标准》JGJ 184-2009 规定的9 类劳动防护用品是指：

（1）头部防护类：安全帽、工作帽；

（2）眼、面部防护类：护目镜、防护罩（分防冲击型、防腐蚀型、防辐射型等）；

（3）听觉、耳部防护类：耳塞、耳罩、防噪声帽等；

（4）手部防护类：防腐蚀、防化学药品手套，绝缘手套，搬运手套，防火防烫手套等；

（5）足部防护类：绝缘鞋、保护足趾安全鞋、防滑鞋、防油鞋、防静电鞋等；

（6）呼吸器官防护类：防尘口罩、防毒面具等；

（7）防护服类：防火服、防烫服、防静电服、防酸碱服等；

（8）防坠落类：安全带、安全绳等；

（9）防雨、防寒服装及专用标志服装、一般工作服装。

图 3-18 用人单位为施工人员提供劳动防护用品

3.0.11.1 标准原文：

有毒有害作业场所应在醒目位置设置安全警示标识，并应符合现行国家标准《工作场所职业病危害警示标识》GBZ 158-2003 的规定。施工单位应依据有关规定对从事有职业病危害作业的人员定期进行体检和培训。

3.0.11.2 条文释义：

根据《中华人民共和国职业病防治法》、《工作场所职业病危害警示标识》（GBZ 158-2003）等相关法规标准，做好职业病的预防和在有毒有害作业场所设置安全警示标识。对从事有职业病危害作业的人员定期进行体检和培训。

图 3-19　各类安全警示标识

3.0.12.1　标准原文：

施工单位应根据季节气候特点，做好施工人员的饮食卫生和防暑降温、防寒保暖、防中毒、卫生防疫等工作。

3.0.12.2　条文释义：

1．施工单位应根据施工现场所处地域的季节气候特点，做好施工人员的饮食卫生和防暑降温、防寒保暖、防中毒、卫生防疫等工作。

2．《防暑降温措施管理办法》（安监总安健〔2012〕89号）规定：

高温作业是指有高气温，或有强烈的热辐射，或伴有高气湿（相对湿度≥80%RH）相结合的异常作业条件、湿球黑球温度指数（WBGT指数）超过规定限值的作业。

高温天气是指地市级以上气象主管部门所属气象台站向公众发布的日最高气温35℃以上的天气。

高温天气作业是指用人单位在高温天气期间安排劳动者在高温自然气象环境下进行的作业。

用人单位应当建立、健全防暑降温工作制度，采取有效措施，加强高温作业、高温天气作业劳动保护工作，确保劳动者身体健康和生命安全。

图 3-20　施工现场干净整洁的食堂

图 3-21　施工人员宿舍安装空调防暑降温防寒保暖

图 3-22 施工现场为施工人员提供绿豆汤防暑降温

在高温天气期间，用人单位应当按照规定，根据生产特点和具体条件，采取合理安排工作时间、轮换作业、适当增加高温工作环境下劳动者的休息时间和减轻劳动强度、减少高温时段室外作业等措施。

4 绿色施工

4.1 节约能源资源

4.1.1.1 标准原文：

施工总平面布置、临时设施的布局设计及材料选用应科学合理，节约能源。临时用电设备及器具应选用节能型产品。施工现场宜利用新能源和可再生资源。

4.1.1.2 条文释义：

施工总平面合理布置主要考虑施工场地占用面积少，材料堆放位置便于垂直运输机械吊运、减少二次搬运，场地区域划分和临时场地占用符合总体施工部署和施工流程要求、减少相互干扰。

临时设施布局应合理利用自然资源，采光、通风良好，建造临时设施的建筑材料应选用符合节能、环保、安全和消防要求的产品。

图 4-1 施工现场使用抽排出的地下水洒水降尘

图 4-2　施工现场使用 LED 等新型灯管节约能源

图 4-3　施工现场使用节能灯节约能源

图 4-4　施工现场使用太阳能热水器，节约能源、清洁环保

临时用电管线布置应简短合理，并选用节能型灯具和电器设备。

新能源和可再生能源主要是指太阳能、风能、地热等，施工现场有条件的可以充分利用。

4.1.2.1 标准原文：

施工现场宜利用拟建道路路基作为临时道路路基。临时设施应利用既有建筑物、构筑物和设施。土方施工应优化施工方案，减少土方开挖和回填量。

4.1.2.2 条文释义：

施工现场宜充分利用拟建道路路基作为临时道路路基，减少工程竣工后破拆临时道路造成的资源浪费和环境污染。充分利用既有建筑物、构筑物和设施作为临时设施，减少土地扰动或占用量、减少重复施工造成的浪费。

土方施工方案在经济合理、保证安全的情况下，尽量减少老土扰动，减少土方开挖和回填量。

4.1.3.1 标准原文：

施工现场周转材料宜选择金属、化学合成材料等可回收再利用产品代替，并应加强保养维护，提高周转率。

4.1.3.2 条文释义：

根据 2014 年 2 月 25 日国家林业局在国务院新闻发布会上公布的第八次全国森林资源清查情况，目前全国的木材消耗量将近 5 亿立方米，对外依赖

图 4-5 外防护采用分段悬挑脚手架节约周转材料

图 4-6　施工现场采用可重复使用工具式金属护栏

图 4-7　工具式金属支撑架和工具车

图 4-8　可回收利用的塑料模板

度达到了 50%。到 2020 年，全国木材需求量将要达到 8 亿立方米。施工现场是木材消耗、使用的大户，据统计，采用传统的支模工艺，每 100m² 建筑面积需用木材 1m³，施工结束后将有 20% ~ 30% 木材损耗，造成对森林资源的破坏。为了保护环境，减少树木砍伐，在满足施工需要的前提下，施工现场应尽量使用节能环保的金属、化学合成制品等可回收利用产品代替木材使用。

4.1.4.1 标准原文：

施工现场应合理安排材料进场计划，减少二次搬运，并应实行限额领料。

4.1.4.2 条文释义：

施工现场应根据施工进度、材料周转时间、库存情况等制定材料采购计划，合理安排材料进场计划，减少材料现场占地时间长和二次搬运造成的浪费。依据施工预算限额领料，减少材料使用过程中的浪费。

4.1.5.1 标准原文：

施工现场办公应利用信息化管理，减少办公用品的使用及消耗。

4.1.5.2 条文释义：

施工现场应采用信息化管理手段，充分利用电脑、网络等推广无纸化办公，减少纸张等办公用品的使用及消耗，减少打印、复印产生的其他能源消耗。

图 4-9　施工现场采用信息化管理电子监控

图 4-10 施工现场采用信息化办公平台

图 4-11 施工现场采用信息化办公平台

4.1.6.1 标准原文：

施工现场生产生活用水用电等资源能源的消耗应实行计量管理。

4.1.6.2 条文释义：

实施用水用电计量管理，严格控制施工阶段的用水量，使用节水节电产品，建立节水节电制度，提高节水节电率。

4.1.7.1 标准原文：

施工现场应保护地下水资源。采取施工降水时应执行国家及当地有关水资源保护的规定，并应综合利用抽排出的地下水。

4.1.7.2 条文释义：

根据《中华人民共和国水法》等法律法规，施工现场应保护地下水资源。

图 4-12　施工现场总配电箱配备计量电表，对用电计量管理

图 4-13　施工现场各分路配备计量电表，细化电量计量控制

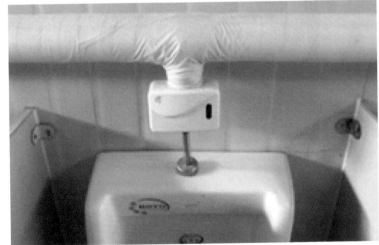

图 4-14　施工现场厕所配备感应节水器

为保护水资源和环境安全，原则上应限制施工降水，必须采取施工降水的，应执行国家及当地有关水资源保护的规定。

综合利用工地抽排出的地下水，应优先用于施工现场混凝土的养护、降尘、冲厕、车辆的洗刷等方面；或者与园林、环卫部门和居民社区联系，将其用于周边指定绿地、景观及环境卫生等。

图 4-15　施工现场厕所应节约用水

图 4-16　施工现场张贴节约用电标志

4.1.8.1　标准原文：

施工现场应采用节水器具，并应设置节水标识。

4.1.8.2　条文释义：

施工现场应采用节水器具，加强用水设备日常维护和管理，杜绝"跑、冒、滴、漏"等浪费现象。在水源处应设置节约用水的明显标识。

1. 常见的节水型水龙头有以下几种：

（1）陶瓷密封片系列水嘴；

图 4-17　施工现场喷雾降尘

图 4-18　施工现场喷雾降尘设备

（2）感应式水龙头；

（3）节流水龙头；

（4）延时自动关闭水龙头；

（5）手压、脚踏、肘动式水龙头；

（6）停水自动关闭水龙头；

（7）节水冲洗水枪；

（8）电磁式淋浴节水装置。

图 4-19 施工现场采用感应式节水龙头

图 4-20 施工现场采用感应式节水龙头

2. 常见的卫生间节水器具有以下几种：

（1）节水型坐便器（可分为虹吸式、冲落式和冲洗虹吸式三种）；

（2）感应式坐便器；

（3）改进型低位冲洗水箱；

（4）改进型高位冲洗水箱；

（5）免冲式小便器；

（6）感应式小便器。

4.1.9.1 标准原文：

施工现场宜设置废水回收、循环再利用设施，宜对雨水进行收集利用。

4.1.9.2 条文释义：

施工现场洗车、冲刷混凝土泵等废水应设置排水、沉淀池等处理回收设施，经沉淀处理后，可用于混凝土的养护、洒水降尘、冲厕、工地车辆的洗刷等方面。

有条件的施工现场应设置雨水收集设施，收集雨水用于洒水降尘、绿化等工作。

图 4-21　施工现场地下水和雨水收集设施

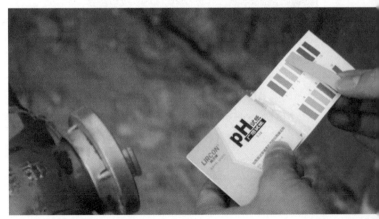

图 4-22　施工现场水质监测

图 4-23　施工现场沉淀池

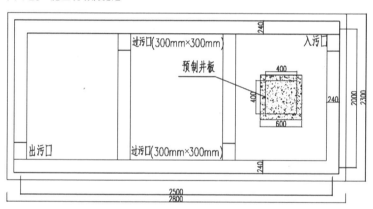

图 4-24　施工现场三级沉淀池设计图

图 4-25　施工现场三级沉淀池

4.1.10.1 标准原文：

施工现场应对可回收再利用物资及时分拣、回收、再利用。

4.1.10.2 条文释义：

施工现场应建立可回收再利用物资清单，及时分拣、回收、再利用，同时减少填埋和焚烧垃圾所造成的环境污染及能源浪费。

危险固体废弃物：危险固体废弃物必须分类收集，封闭存放，积攒一定数量后由各单位委托当地有资质的环卫部门统一处理并留存委托书。其包括以下四种：

（1）施工现场危险固体废弃物（包括废化工材料及其包装物、电焊条、废玻璃丝布、废铝箔纸、聚氨酯夹芯板废料、工业棉布、油手套、含油棉纱棉布、油漆刷、废沥青路面、废旧测温计等）；

（2）试验室用废液瓶、化学试件废料；

（3）清洗工具废渣、机械维修保养液废渣；

（4）办公区废复写纸、复印机废墨盒、打印机废墨盒、废硒鼓、废色带、废电池、废磁盘、废计算机、废日光灯管、废涂改液。

其中可回收的有：

办公垃圾：废报纸、废纸张、废包装箱、木箱；

建筑垃圾：废金属、包装箱、空材料桶、碎玻璃、钢筋头、焊条头。

不可回收的有：

施工垃圾：瓦砾、混凝土、混凝土试块、废石膏制品、沉淀物；

生活垃圾：食物加工废料。

对油漆、稀料、胶、脱模剂、油等包装物可由厂家回收的尽量由厂家回收。

对打印机墨盒、复印机墨盒、硒鼓、色带、电池、涂改液等办公用品应实现以旧换新，以便于废弃物的回收，并尽可能由厂家回收处置。应建立保持回收处置记录。

可回收再利用的一般废弃物须分类收集，并交给废品回收单位。如能重复使用的尽量重复使用（如双面使用废旧纸张、钢筋头再利用等）。对钻头、刀片、焊条头等一些五金工具应实现以旧换新，同时保留回收记录。

加强建筑垃圾的回收利用，对于碎石、土方类建筑垃圾可采用地基填埋、铺路等方式提高再利用率。

图 4-26 施工现场废旧物品分类回收

4.2 大气污染防治

4.2.1.1 标准原文：

施工现场的主要道路应进行硬化处理。裸露的场地和堆放的土方应采取覆盖、固化或绿化等措施。

4.2.1.2 条文释义：

本条为强制性条文。施工现场的主要道路是指机动车行驶的道路。"施工现场的主要道路应进行硬化处理"，"裸露的场地和堆放的土方应采取覆盖、固化或绿化等措施"，是防治施工现场大气污染的必要措施，必须作为强制性要求以防止扬尘污染。

施工现场的主要道路在施工过程中承载着大量材料、设备等运输任务，应采用铺设混凝土、碎石等方法进行硬化处理，路基承载力应满足车辆行驶要求，做到既保证车辆正常行驶又防止扬尘污染。如果不进行硬化处理，会导致道路承载力不足，路面容易下陷，造成机动车通行困难，雨天道路容易积水、坑洼、泥泞，影响行车安全，晴天车辆行驶易产生扬尘，造成环境污染。施工现场裸露的场地和堆放的土方，应采取覆盖防尘网、喷洒固化剂或采取种植花草绿化等措施，以防止扬尘污染。

本强制性条文的检查，以施工现场主要道路是否硬化，裸露的场地和堆放的土方是否采取覆盖、固化或绿化等措施作为判定依据。

图 4-27　施工现场主要道路进行硬化处理

图 4-28　施工现场主要道路必须硬化

图 4-29　施工现场未使用的空地进行绿化

图 4-30　施工现场空地绿化

图 4-31　施工现场裸露的土方采取覆盖措施（一）

图 4-32　施工现场裸露的土方采取覆盖措施（二）

图 4-33 施工现场裸露的土方采取固化措施

图 4-34 施工现场洒水车洒水降尘

4.2.2.1 标准原文：

施工现场土方作业应采取防止扬尘措施，主要道路应定期清扫、洒水。

4.2.2.2 条文释义：

施工现场土方开挖和回填作业是易产生扬尘污染的施工阶段，应根据土方和回填土的干湿度和现场风力大小，采取相应的防止扬尘措施。如洒水、清扫、停止土方施工作业等。现场主要道路应定期清扫、洒水，减少道路浮土产生扬尘污染。

图 4-35   施工现场简易洒水车

图 4-36   施工现场路面洒水降尘

图 4-37   施工现场道路采用洒水车洒水降尘

4.2.3.1 标准原文：

拆除建筑物或构筑物时，应采用隔离、洒水等降噪、降尘措施，并应及时清理废弃物。

4.2.3.2 条文释义：

建筑物拆除时，会产生大量扬尘、噪声、施工垃圾，因此要在拆除过程中，采取喷水、隔离等有效措施，并对施工垃圾及时进行处理，避免污染周边环境。

图 4-38　拆除建筑物时喷水降尘

图 4-39　拆除建筑物时喷水降尘

4.2.4.1　标准原文：

土方和建筑垃圾的运输必须采用封闭式运输车辆或采取覆盖措施。施工现场出口处应设置车辆冲洗设施，并应对驶出车辆进行清洗。

4.2.4.2　条文释义：

使用封闭式车辆或采取覆盖措施是为了防止车辆在运输过程中造成遗洒。土方和建筑垃圾运输车辆在行驶过程中，极易产生遗洒，污染行驶道路。车辆采用封闭或覆盖措施，可大大减少或避免行驶过程中的遗洒情况出现。车辆冲洗设施应设置在施工现场车辆出口处，对车辆进行冲洗是为了防止车轮等部位将泥沙带出施工现场，造成扬尘污染。出入口设置车辆冲洗设施并对车辆进行冲洗，可以有效减少车辆本身（车体、轮胎、底盘等）附着的渣土、垃圾等，避免污染施工现场场内外道路和环境。

图 4-40　封闭式渣土运输车辆

图 4-41　封闭式渣土运输车辆

图 4-42 施工现场出口设置车辆清洗设备

图 4-43 施工现场车辆出场清洗车轮

4.2.5.1 **标准原文：**

建筑物内垃圾应采用容器或搭设专用封闭式垃圾道的方式清运，严禁凌空抛掷。

4.2.5.2 **条文释义：**

本条为强制性条文。使用容器运输垃圾是指将垃圾装袋或置于容器内由人工或机械进行清运，避免出现遗洒。封闭式垃圾道是指利用建筑物内预留孔洞或建筑物外侧搭设的四周封闭的垃圾竖向运输通道。

建筑垃圾在清运出在建工程时，严禁凌空抛掷。使用容器运输或搭设专用封闭式垃圾道清运垃圾，可有效避免高空坠物和物体打击造成的人身伤害及扬尘污染。

本强制性条文的检查，以垃圾清运是否采用容器或专用封闭式垃圾道、是否出现凌空抛掷或遗洒为依据。

图 4-44　垃圾通道

4.2.6.1　标准原文：

施工现场严禁焚烧各类废弃物。

4.2.6.2　条文释义：

本条为强制性条文。施工现场使用明火露天焚烧废弃物容易引发火灾，燃烧过程中还会产生大量有毒有害气体造成环境污染。因此，施工现场严禁焚烧各类废弃物，以免引发火灾和造成空气污染。

4.2.7.1　标准原文：

在规定区域内的施工现场应使用预拌混凝土及预拌砂浆。采用现场搅拌混凝土或砂浆的场所应采取封闭、降尘、降噪措施。水泥和其他易飞扬的细颗粒建筑材料应密闭存放或采取覆盖等措施。

4.2.7.2　条文释义：

使用预拌混凝土、砂浆可以减少混凝土、砂浆在现场搅拌过程中产生的扬尘污染。如采用现场搅拌混凝土或砂浆的，应对搅拌场所采取封闭、喷雾降尘等措施。水泥和其他易飞扬的细颗粒建筑材料应密闭存放或采取覆盖等措施。

使用预拌混凝土及预拌砂浆的规定区域，应依据《关于限期禁止在城市城区现场搅拌混凝土的通知》（商改发 [2003]341 号）和《关于在部分城市限期禁止现场搅拌砂浆工作的通知》（商改发 [2007]205 号）及当地政府相关部门的规定执行。

图 4-45　施工现场预拌砂浆

4.2.8.1　标准原文：

当市政道路施工进行铣刨、切割等作业时，应采取有效防扬尘措施。灰土和无机料应采用预拌进场，碾压过程中应洒水降尘。

图 4-46　市政道路铣刨切割施工采用洒水降尘

4.2.8.2 条文释义：

市政道路在铣刨、切割施工时会产生扬尘，采取喷水等措施可有效减少扬尘。因市政道路施工中灰土和无机料使用量较大，采用预拌料进场可减少在现场搅拌时产生的扬尘污染，在施工时洒水也可有效降低扬尘污染。

图 4-47　市政道路铣刨切割施工采用洒水降尘

图 4-48　市政道路铣刨切割施工采用洒水降尘

4.2.9.1 标准原文：

城镇、旅游景点、重点文物保护区及人口密集区的施工现场应使用清洁能源。

4.2.9.2 条文释义：

城镇、旅游景点、重点文物保护区及人口密集区的施工现场应使用燃气、燃油、电能、太阳能等清洁能源，最大限度减少污染物排放。

图 4-49 施工现场食堂使用电炊具

图 4-50 施工现场使用的太阳能路灯

图 4-51　施工现场的太阳能热水器

图 4-52　施工现场监测车辆尾气

4.2.10.1　标准原文：

施工现场的机械设备、车辆的尾气排放应符合国家环保排放标准。

4.2.10.2　条文释义：

施工现场机械设备应符合《非道路移动机械用柴油机排气污染物排放限值及测量方法（中国第三、四阶段）》（GB 20891—2014）的相关标准。运输车辆符合国家和属地尾气排放标准。

4.2.11.1　标准原文：

当环境空气质量指数达到中度及以上污染时，施工现场应增加洒水频次，加强覆盖措施，减少易造成大气污染的施工作业。

4.2.11.2 条文释义：

行业标准《环境空气质量指数（AQI）技术规定（试行）》HJ 633-2012 已于 2012 年 2 月 29 日发布，将于 2016 年 1 月 1 日正式实施，其中规定 AQI 指数在 151 到 200 之间为中度污染。

当环境空气质量指数达到中度及以上污染时，施工现场应在原有大气污染防治措施基础上，加大控制力度，并按当地政府有关规定减少易造成大气污染的施工作业。相关空气质量指数分级见表 4-1。

空气质量指数及相关信息表 表 4-1

空气质量指数	空气质量指数级别	空气质量指数类别及表示颜色		对健康影响情况	建议采取的措施
0 ～ 50	一级	优	绿色	空气质量令人满意，基本无空气污染	各类人群可正常活动
51 ～ 100	二级	良	黄色	空气质量可接受，但某些污染物可能对极少数异常敏感人群健康有较弱影响	极少数异常敏感人群应减少户外活动
101 ～ 150	三级	轻度污染	橙色	易感人群症状有轻度加剧，健康人群出现刺激症状	儿童、老年人及心脏病、呼吸系统疾病患者应减少长时间、高强度的户外锻炼
151 ～ 200	四级	中度污染	红色	进一步加剧易感人群症状，可能对健康人群心脏、呼吸系统有影响	儿童、老年人及心脏病、呼吸系统疾病患者避免长时间、高强度的户外锻炼，一般人群适量减少户外运动
201 ～ 300	五级	重度污染	紫色	心脏病和肺病患者症状显著加剧，运动耐受力降低，健康人群普遍出现症状	儿童、老年人和心脏病、肺病患者应停留在室内，停止户外运动，一般人群减少户外运动
>300	六级	严重污染	褐红色	健康人群运动耐受力降低，有明显强烈症状，提前出现某些疾病	儿童、老年人和病人应当留在室内，避免体力消耗，一般人群应避免户外活动

图 4-53　施工现场裸露土方采取覆盖措施

4.3　水土污染防治

4.3.1.1　标准原文：

施工现场应设置排水沟及沉淀池，施工污水应经沉淀处理达到排放标准后，方可排入市政污水管网。

4.3.1.2　条文释义：

施工现场混凝土输送泵、运输车辆清洗设施、搅拌机等处应设置沉淀池，沉淀处理施工污水，达到现行行业标准《污水排入城镇下水道水质标准》CJ 343-2010 的规定，方可排入市政污水管网。根据现行行业标准《污水排入城镇下水道水质标准》CJ 343-2010 的规定，施工污水的水质监测由城镇排水监测部门负责。

4.3.2.1　标准原文：

废弃的降水井应及时回填，并应封闭井口，防止污染地下水。

图 4-54　施工现场沉淀池

图 4-55　施工现场排水沟

图 4-56　施工现场三级沉淀池

4.3.2.2 条文释义：

基础土方施工采用管井降水，降水井废弃后应及时回填，并封闭井口，是为了防止地表水直接回流污染地下水。回填材料不得含有有毒有害物质。

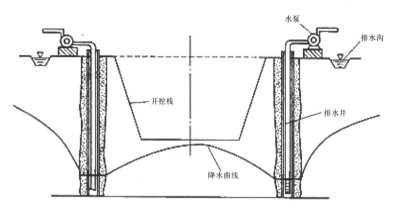

图 4-57 施工现场采用管井降水示意图

图 4-58 施工现场采用管井降水

4.3.3.1 标准原文：

施工现场临时厕所的化粪池应进行防渗漏处理。

4.3.3.2 条文释义：

施工现场临时厕所的化粪池可采用防水砂浆或材料防水等做法进行处理，是为了防止对地下水或土壤造成污染。

图 4-59　施工现场化粪池

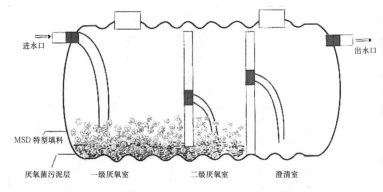

进水口

出水口

MSD 特型填料

厌氧菌污泥层　一级厌氧室　二级厌氧室　澄清室

图 4-60　施工现场化粪池示意图

图 4-61　预制式地埋化粪池

4.3.4.1　**标准原文**：

施工现场存放的油料和化学溶剂等物品应设置专用库房，地面应进行防渗漏处理。

4.3.4.2　**条文释义**：

施工现场的油料和化学溶剂等物品在使用或存放过程中会发生渗漏或遗洒，对土壤造成污染，因此应设置专用库房或场地，地面应进行防渗漏处理和采取沙土吸附等措施。

4.3.5.1　**标准原文**：

施工现场的危险废物应按国家有关规定处理，严禁填埋。

4.3.5.2　**条文释义**：

施工现场的危险废物应按国家有关规定处理，严禁填埋，应由有资质的单位进行处理，并留存记录。危险废物以环境保护部令第 1 号《国家危险废物名录》为准。施工现场常见的危险废物包括废弃油料、化学溶剂包装桶、色带、硒鼓、含油棉丝、石棉、电池等。

4.4 施工噪声及光污染防治

4.4.1.1 标准原文：

施工现场场界噪声排放应符合现行国家标准《建筑施工场界环境噪声排放标准》GB 12523-2011 的规定。施工现场应对场界噪声排放进行监测、记录和控制，并应采取降低噪声的措施。

4.4.1.2 条文释义：

根据现行《建筑施工场界环境噪声排放标准》GB 12523-2011 标准的规定：施工场界环境噪声排放不得超过昼间 70dB（A）和夜间 55 dB（A），并根据标准规定进行检测、记录、制定控制措施。

"昼间"是指 6：00 至 22：00 之间的时段，"夜间"是指 22：00 至次日 6：00 之间的时段。夜间噪声最大声级超过限值的幅度不得高于 15 dB（A）。

一般噪声源：

1．土方阶段：挖掘机、装载机、推土机、运输车辆、破碎钻等。

2．结构阶段：地泵、汽车泵、振捣器、混凝土罐车、空压机、支拆模板与修理、支拆脚手架、钢筋加工、电刨、电锯、人为喊叫、哨工吹哨、搅拌机、钢结构工程安装、水电加工等。

3．装修阶段：拆除脚手架、石材切割机、砂浆搅拌机、空压机、电锯、电刨、电钻、磨光机等。

图 4-62 施工现场噪声监测

4.4.2.1 标准原文：

施工现场宜选用低噪声、低振动的设备，强噪声设备宜设置在远离居民区的一侧，并应采用隔声、吸声材料搭设防护棚或屏障。

4.4.2.2 条文释义：

施工现场使用的振捣棒、吸尘器、打夯机、钻孔机、电锯、电刨等手持电动工具宜选用低噪声设备，是为了减少噪声的产生和排放，设置在远离幼儿园、学校、医院、住宅等噪声敏感区域一侧也是为了减少噪声影响。施工现场使用的混凝土泵车、地泵、木工机械、空压机等强噪声设备应采用封闭隔声措施，是为了减少噪声向周围扩散，对人员产生职业伤害。

机械噪声的控制措施

（1）对产生强噪声的重点部位、设施、设备采取合理布局，并进行封闭。加强设备润滑和维修保养，确保所用机械处于良好工作状态。

（2）尽量选用环保型低噪声振捣器，振捣器使用完毕后及时清理与保养。振捣混凝土时禁止接触模板与钢筋，并做到快插慢拔，应配备相应人员控制电源线的开关，防止振捣器空转。

（3）在整个施工阶段，涉及生产强噪声的成品、半成品的加工，尽量安排在工厂、车间或地下室完成，最大限度减少施工噪声污染。

（4）设立石材加工切割房，且有防尘降噪措施。

图 4-63　施工现场封闭式木工加工棚

图 4-64　施工现场封闭式木工加工棚

图 4-65　施工现场设置隔声布

图 4-66　施工现场设置隔声屏障

图 4-67　施工现场使用低噪声设备

图 4-68　施工现场噪声监测设备

图 4-69　施工现场噪声监测

4.4.3.1　标准原文：

进入施工现场的车辆严禁鸣笛。装卸材料应轻拿轻放。

4.4.3.2　条文释义：

对人为的施工噪声应有管理制度和降噪措施，并严格控制执行，最大限度地减少人为产生的噪声对居民造成的影响。

4.4.4.1　标准原文：

因生产工艺要求或其他特殊需要，确需进行夜间施工的，施工单位应加强噪声控制，并应减少人为噪声。

4.4.4.2　条文释义：

因生产工艺要求或其他特殊需要，确需进行夜间施工的，施工前施工单位应按相关规定向有关部门提出申请，经批准后方可进行夜间施工。进行夜间施工时，应采用低噪声机具、设置隔声布等措施控制噪声排放。

人为噪声的控制措施

图 4-70　车辆进入施工现场严禁鸣笛

图 4-71　施工现场隔声棚

（1）提倡文明施工，加强人为噪声的管理，进行进场培训，减少人为的大声喧哗，增强全体施工生产人员防噪扰民的自觉意识。

（2）合理安排施工生产时间，使产生噪声大的工序尽量在白天进行。

（3）清理维修模板时禁止猛烈敲打。

（4）脚手架支拆、搬运、修理等必须轻拿轻放，上下左右有人传递，减少人为噪声。

（5）夜间施工时尽量采用隔声布、低噪声振捣棒等方法，最大限度减少施工噪声；材料运输车辆进入现场严禁鸣笛，装卸材料必须轻拿轻放。

（6）每年高考、中考期间，严格控制施工时间，不得夜间施工。

4.4.5.1　标准原文：

施工现场应对强光作业和照明灯具采取遮挡措施，减少对周边居民和环境的影响。

4.4.5.2　条文释义：

电气焊等强光作业应采取遮挡、维护等措施，夜间施工时应加强遮挡和维护措施，避免电焊弧光外泄。现场夜间施工照明灯具角度应合理设置，照

图 4-72　施工现场封闭式电焊操作棚

图 4-73　施工现场照明灯具加装遮光罩

图 4-74　施工现场电焊采取遮挡措施

明灯必须有定型灯罩，能有效控制灯光方向和范围，并尽量选用节能型灯具，减少施工照明对居民产生的影响。

5 环境卫生

5.1 临时设施

5.1.1.1 标准原文：

施工现场应设置办公室、宿舍、食堂、厕所、盥洗设施、淋浴房、开水间、文体活动室、职工夜校等临时设施。文体活动室应配备文体活动设施和用品。尚未竣工的建筑物内严禁设置宿舍。

5.1.1.2 条文释义：

《建设工程安全生产管理条例》（2003 年 11 月 12 日，中华人民共和国国务院令第 393 号）第二十九条规定：施工单位不得在尚未竣工的建筑物内设置员工集体宿舍。

图 5-1 施工现场宿舍区

施工现场应为施工人员提供必备的生活设施，包括办公室、宿舍、食堂、厕所、盥洗设施、淋浴房、开水间、文体活动室、职工夜校等。文体活动室是为丰富施工人员业余文化生活而设置的公共场所，供员工学习、娱乐、健身、交流。

图 5-2 施工现场厕所

图 5-3 施工现场阅览区

图 5-4　施工现场夜校

图 5-5　施工现场应急疏散逃生标识

图 5-6　施工现场应急照明

5.1.2.1　标准原文：

生活区、办公区的通道、楼梯处应设置应急疏散、逃生指示标识和应急照明灯。宿舍内宜设置烟感报警装置。

5.1.2.2　条文释义：

生活区、办公区的通道、楼梯处设置的应急疏散、逃生指示标识和应急照明灯应符合《施工现场消防安全技术规范》GB 50720-2011、《消防安全标志》GB 13495-92、《消防应急灯具》GB 17945-2010 等现行国家标准的规定。宿舍内设置烟感报警装置可对火险提前预警。

图 5-7 施工现场应急照明

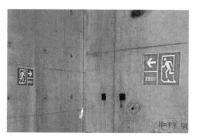

图 5-8 施工现场应急疏散标识

图 5-9 施工现场烟感器

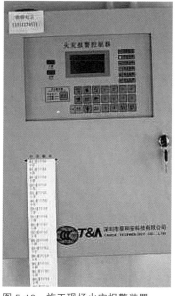

图 5-10 施工现场火灾报警装置

5.1.3.1 **标准原文**：

施工现场应设置封闭式建筑垃圾站。办公区和生活区应设置封闭式垃圾容器。生活垃圾应分类存放，并应及时清运、消纳。

5.1.3.2 **条文释义**：

施工现场设置封闭式建筑垃圾站，是为了便于分类处理建筑垃圾，可以减少建筑垃圾造成二次扬尘；办公区和生活区设置封闭式垃圾容器，可以减少蚊蝇的孳生及异味对环境的影响；垃圾的清运由有资质的垃圾清运单位及时清运、消纳。

图 5-11　施工现场封闭式建筑垃圾站

图 5-12　施工现场封闭式垃圾站

图 5-13　施工现场封闭式垃圾运输车

图 5-14 施工现场封闭式分类垃圾桶

5.1.4.1 标准原文：

施工现场应配备常用药及绷带、止血带、担架等急救器材。

5.1.4.2 条文释义：

为应对施工现场突发伤亡事故，施工现场应配备酒精棉、手套、口罩、0.9%的生理盐水、消毒纱布、三角巾、安全扣针、胶布、创可贴、保鲜纸、袋装面罩或人工呼吸面膜、圆头剪刀、钳子、手电筒、棉花棒、冰袋、绷带、止血带、担架等急救器材。

（1）酒精棉：急救前用来给双手或钳子等工具消毒。

（2）手套、口罩：可以防止施救者被感染。

（3）0.9% 的生理盐水：用来清洗伤口。基于卫生要求，最好选择独立的小包装或中型瓶装的。需要注意的是，开封后用剩的应该扔掉，不要再放进急救箱。如果没有，可用未开封的蒸馏水或矿泉水代替。

（4）消毒纱布：用来覆盖伤口。它既不像棉花一样有可能将棉丝留在伤口上，移开时，也不会牵动伤口。

（5）绷带：绷带具有弹性，用来包扎伤口，不妨碍血液循环。2 寸的适合手部，3 寸的适合脚部。

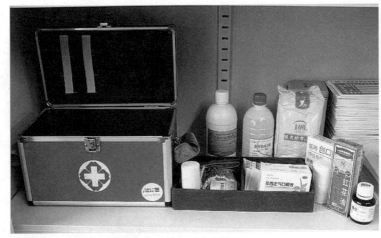

图 5-15 施工现场急救器材

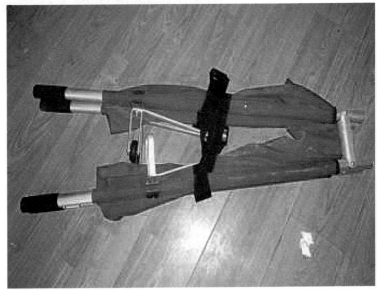

图 5-16 施工现场急救担架

(6) 三角巾：又叫三角绷带，具多种用途，可承托受伤的上肢、固定敷料或骨折处等。

(7) 安全扣针：固定三角巾或绷带。

(8) 胶布：纸胶布可以固定纱布，由于不刺激皮肤，适合一般人使用；

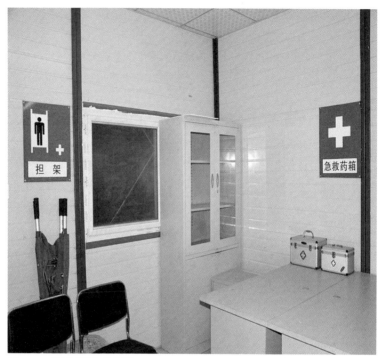

图 5-17　施工现场急救场所

氧化锌胶布则可以固定绷带。

（9）创可贴：覆盖小伤口时用。

（10）保鲜纸：利用它不会紧贴伤口的特性，在送医院前包裹烧伤、烫伤部位。

（11）袋装面罩或人工呼吸面膜：施以人工呼吸时，防止感染。

（12）圆头剪刀、钳子：圆头剪刀比较安全，可用来剪开胶布或绷带。必要时，也可用来剪开衣物。钳子可代替双手持敷料，或者钳去伤口上的污物等。

（13）手电筒：在漆黑环境下施救时，可用它照明；也可为晕倒的人做瞳孔反应。

（14）棉花棒：用来清洗面积小的出血伤口。

（15）冰袋：置于瘀伤、肌肉拉伤或关节扭伤的部位，令微血管收缩，可帮助减少肿胀。流鼻血时，置于伤者额部，能帮助止血。

5.1.5.1　标准原文：

宿舍内应保证必要的生活空间，室内净高不得小于 2.5m，通道宽度不得小于 0.9m，住宿人员人均面积不得小于 2.5m²，每间宿舍居住人员不得超过 16 人。宿舍应有专人负责管理，床头宜设置姓名卡。

5.1.5.2　条文释义：

宿舍内居住人员不得超过 16 人，且人均面积不得小于 2.5m²，以保证人员必要的生活空间，室内净高不得小于 2.5m，通道宽度不得小于 0.9m，方便人员正常活动及发生紧急情况时疏散逃生。宿舍设置专人负责日常消防安全及卫生的检查和管理，检查应留存记录。床头设置姓名卡（床头卡）是为了随时掌握人员基本情况，方便管理。

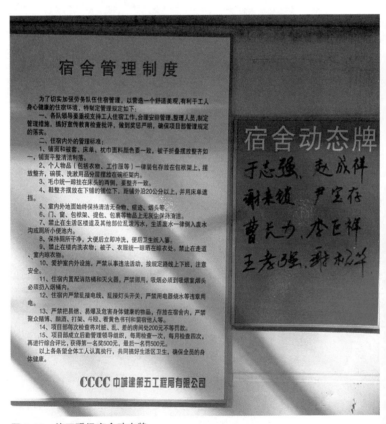

图 5-18　施工现场宿舍动态牌

图 5-19 施工现场宿舍应保证人员生活空间

5.1.6.1 **标准原文：**

施工现场生活区宿舍、休息室必须设置可开启式外窗，床铺不应超过2层，不得使用通铺。

5.1.6.2 **条文释义：**

本条为强制性条文。可开启式外窗是指可以打开通风采光的外窗，并可作为应急逃生通道。床铺超过2层，人员上下存在安全隐患，个人起居空间受限。通铺容易传播传染病，且不利于应急逃生。

施工现场的居住条件对居住在施工现场的人员身心健康有重大影响，从关心维护建筑业从业人员生命安全和身心健康的角度，施工单位在满足强制性条文要求的基础上，可以适当提高居住、休息条件，逐步改善建筑业从业人员的生活环境。

本强制性条文的检查，以是否设置开启式外窗、床铺是否超过2层、是否使用通铺为依据。

5.1.7.1 **标准原文：**

施工现场宜采用集中供暖，使用炉火取暖时应采取防止一氧化碳中毒的措施。彩钢板活动房严禁使用炉火或明火取暖。

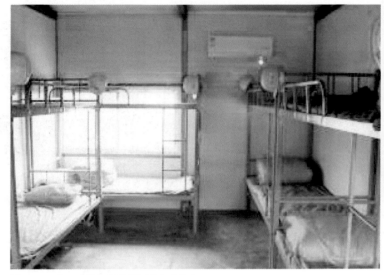

图 5-20　施工现场宿舍设置可开启式外窗

5.1.7.2　条文释义：

需要供暖的施工现场采用集中供暖，可以减少施工人员自己采暖导致的火灾及炉火取暖导致的一氧化碳中毒等隐患。使用炉火取暖时，必须安装风斗、一氧化碳报警器等防止一氧化碳中毒的预防措施。彩钢板活动房是一种以型钢为骨架，以夹芯板为墙板材料的经济型临建房屋。彩钢板活动房内活动空间狭小，可燃物较多，火灾危险性大，使用炉火或明火取暖容易引发火灾，并且通风不畅容易引起一氧化碳中毒，所以要严格禁止。

5.1.8.1　标准原文：

宿舍内应有防暑降温措施。宿舍应设置生活用品专柜、鞋柜或鞋架、垃圾桶等生活设施。生活区应提供晾晒衣物的场所和晾衣架。

5.1.8.2　条文释义：

夏季高温炎热地区，施工现场宿舍应安装空调、电扇、遮阳篷等防暑降温措施，宿舍内应配备齐全的生活设施，包括生活用品专柜、鞋柜或鞋架、垃圾桶等，生活区提供晾晒衣物的场所和晾衣架可以使生活区域更加整洁，并提高施工人员的生活质量。

图 5-21　施工现场宿舍设置生活用品专柜

图 5-22　施工现场宿舍配备晾衣架

5.1.9.1 标准原文：

宿舍照明电源宜选用安全电压，采用强电照明的宜使用限流器。生活区宜单独设置手机充电柜或充电房间。

5.1.9.2 条文释义：

根据《施工现场临时用电安全技术规范》JGJ 46-2005 的相关要求，宿舍内高度低于 2.5m 时应使用低压照明。宿舍使用低压照明，可以杜绝施工人员私自使用强电电热设备做饭或取暖造成触电或火灾事故。宿舍设置的空调，插座宜设置在室外人员接触不到的地方，室外空调插座应有防雨措施。使用强电照明时可以增设限流器，可以控制供电功率，从而杜绝人员私自借用照明线路使用大功率电热电器。为防止宿舍内无人时对手机进行充电造成火灾，生活区应单独设置手机充电柜或充电房间。

图 5-23 施工现场设置手机充电柜

图 5-24 施工现场设置手机充电柜并派专人负责

图 5-25 施工现场宿舍采用低压照明

5.1.10.1　标准原文：

食堂应设置在远离厕所、垃圾站、有毒有害场所等有污染源的地方。

5.1.10.2　条文释义：

根据《餐饮服务食品安全操作规范》（国食药监食 [2011]395 号）第十五条对选址的要求：

（1）应选择地势干燥、有给排水条件和电力供应的地区，不得设在易受到污染的区域。

（2）应距离粪坑、污水池、暴露垃圾场（站）、旱厕等污染源 25m 以上，并设置在粉尘、有害气体、放射性物质和其他扩散性污染源的影响范围之外。

（3）应同时符合规划、环保和消防等有关要求。

5.1.11.1　标准原文：

食堂应设置隔油池，并应定期清理。

5.1.11.2　条文释义：

根据《餐饮服务食品安全操作规范》（国食药监食 [2011]395 号） 第十七

图 5-26　施工现场食堂设置隔油池

条对设施的要求，中型以上餐馆（含中型餐馆）、食堂、集体用餐配送单位和中央厨房，宜安装油水隔离池、油水分离器等设施。隔油池是指在生活用水排入市政管道前设置的隔离漂浮油污进入市政管道的池子。隔油池应定期清理，如果检查发现排放污水含油量超标或接近临界值，则应增加清理次数，防止油污进入市政污水管线。

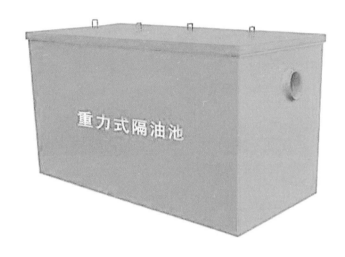

图 5-27　施工现场食堂重力式隔油池示意图

5.1.12.1　标准原文：

食堂应设置独立的制作间、储藏间，门扇下方应设不低于 0.2m 的防鼠挡板。制作间灶台及其周边应采取易清洁、耐擦洗措施，墙面处理高度应大于 1.5m，地面应做硬化和防滑处理，并应保持墙面、地面整洁。

5.1.12.2　条文释义：

食堂设置独立的制作间、储藏间是为了保证食品制作过程和储存期间的卫生。门扇下方应设不低于 0.2m 的防鼠挡板，防鼠挡板应采用金属材料或金属材料包裹，防止鼠类啃咬。制作间灶台及其周边应贴瓷砖或喷涂浅色、不吸水、易清洗和耐用的材料制成的墙裙，墙面处理高度应大于 1.5m，地面应做硬化和防滑处理，并应保持墙面、地面整洁。

图 5-28　施工现场食堂

5.1.13.1　**标准原文**：

食堂应配备必要的排风和冷藏设施，宜设置通风天窗和油烟净化装置，油烟净化装置应定期清洗。

5.1.13.2　**条文释义**：

食堂制作间应采用机械排风或增设通风天窗加强自然排风效果。产生油烟的设备上方应加设附有机械排风及油烟过滤的排气装置，过滤器应便于清洗和更换。根据国家现行标准《饮食业油烟排放标准》GB 18483-2001的相关要求，城市地区必须加装油烟净化装置，并符合属地政府对排放的相关要求。油烟净化装置是利用物理或化学方法对油烟进行收集、分离的净化处理设备。油烟净化装置建议一个月到两个月清洗一次，或根据实际使用情况增加清洗频次。

5.1.14.1　**标准原文**：

食堂宜使用电炊具。使用燃气的食堂，燃气罐应单独设置存放间并应加装燃气报警装置，存放间应通风良好并严禁存放其他物品。供气单位资质应齐全，气源应有可追溯性。

图 5-29　施工现场食堂油烟净化装置

图 5-30　施工现场食堂油烟净化装置

5.1.14.2 条文释义：

食堂推荐使用电热炊具。使用燃气的食堂，燃气罐应单独设置存放间并应加装燃气报警装置，存放间应通风良好并严禁存放其他物品，确保燃气使用安全。燃气供气单位应资质齐全，供气气源应有可追溯性，用气单位应与供气单位应签订供气安全管理协议，明确双方的安全责任，用气单位宜建立用气登记台账，记录供气单位、人员姓名、时间、气瓶合格证编号等基础信息，一旦发生燃气事故时方便追责。

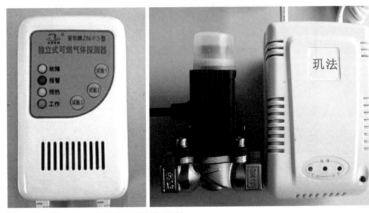

图 5-31　施工现场食堂使用燃气报警器

图 5-32　施工现场食堂使用电炊具

5.1.15.1 标准原文：

食堂制作间的炊具宜存放在封闭的橱柜内,刀、盆、案板等炊具应生熟分开。

5.1.15.2 条文释义：

依据《餐饮服务食品安全操作规范》（国食药监食[2011]395号） 第十七条关于设施的要求，食堂制作间的炊具宜存放在封闭的橱柜内，用于原料、半成品、成品的工具和容器，应分开摆放和使用并有明显的区分标识；原料加工中切配动物性食品、植物性食品、水产品的工具和容器，应分开摆放和使用并有明显的区分标识。

图 5-33 施工现场食堂炊具生熟分开　　图 5-34 施工现场食堂炊具生熟分开

5.1.16.1 标准原文：

食堂制作间、锅炉房、可燃材料库房及易燃易爆危险品库房等应采用单层建筑，应与宿舍和办公用房分别设置，并应按相关规定保持安全距离。临时用房内设置的食堂、库房和会议室应设在首层。

5.1.16.2 条文释义：

依据《施工现场临时建筑物技术规范》JGJ/T 188-2009第4.1.3条的要求，临时建筑不应超过两层，会议室、餐厅、仓库等人员较密集、荷载较大的用房应设在临时建筑的底层，便于应急疏散，并防止使用荷载超限。

在风荷载较大的地区，应考虑临时建筑受

图 5-35 施工现场食堂消毒柜

图 5-36　施工现场会议室设置在首层

风荷载的不利影响，必要时应降低搭设高度或采取必要的加固措施。

食堂制作间、锅炉房、可燃材料库房及易燃易爆危险品库房，存在的事故的风险较一般性质的用房要大很多，如果不是单层建筑，一旦发生事故，人员逃生较困难，并易造成群死群伤事故。故标准对此类用房进行了严格规定。

图 5-37　施工现场危险品库房使用单层建筑

5.1.17.1　标准原文：

易燃易爆危险品库房应使用不燃材料搭建，面积不应超过 200m²。

5.1.17.2　条文释义：

易燃易爆危险品库房的搭建应符合《建筑防火设计规范》GB 50016-2006 的相关要求。易燃易爆危险品库房是存在较大火灾或爆炸事故的危险场所，为了避免一旦发生事故时，减少自身的损失及对周边的影响，标准对此类房屋的搭建进行了明确。

《建设工程施工现场消防安全技术规范》GB 50720-2011 规定库房面积不应超过 200m²，目的是限制易燃易爆危险品存放的数量，减少发生事故时的危害。

5.1.18.1　标准原文：

施工现场应设置水冲式或移动式厕所，厕所地面应硬化，门窗应齐全并通风良好。厕位宜设置门及隔板，高度不应小于 0.9m。

图 5-38　施工现场危险品库房使用不燃材料搭建

5.1.18.2 条文释义：

施工现场应设置水冲式或移动式厕所，厕所地面必须采用防渗防滑材料铺设，墙面必须光滑便于清洗，门窗应齐全，并有防蚊蝇措施，厕所内应保持通风良好。每个大便器应有一个独立的单元空间，门及隔板的高度不应小于 0.9m。

图 5-39 施工现场厕所应地面硬化门窗齐全，并设置门和隔板

5.1.19.1 标准原文：

厕所面积应根据施工人员数量设置。厕所应设专人负责，定期清扫、消毒，化粪池应及时清掏。高层建筑施工超过 8 层时，宜每隔 4 层设置临时厕所。

5.1.19.2 条文释义：

施工现场应根据施工人员数量设置厕所的大便器数量，厕所应设专人负责，定期清扫、消毒、化粪池应及时清掏。高层建筑施工超过 8 层时，宜每隔 4 层设置临时厕所，方便施工人员如厕。临时厕所是指便于清运和方便使用的如厕设施。

施工现场的临时厕所可以按照《城市公共厕所设计标准》 J476-2005 的标准设置。

5.1.20.1 标准原文：

淋浴间内应设置满足需要的淋浴喷头，并应设置储衣柜或挂衣架。

5.1.20.2 条文释义：

淋浴间内应根据使用人员数量设置足够的淋浴喷头，并应设置储衣柜或挂衣架方便入浴人员使用。

图 5-40　施工现场淋浴间应设置满足需要的淋浴喷头

5.1.21.1 标准原文：

施工现场应设置满足施工人员使用的盥洗设施。盥洗设施的下水管口应设置过滤网，并应与市政污水管线连接，排水应通畅。

5.1.21.2 条文释义：

施工现场应根据施工人员数量设置满足使用的盥洗设施。盥洗设施的下水管口应设置过滤网，过滤废水中杂物，保护下水管线通畅。为了防止对地下水和土壤的污染，标准规定了下水排放途径。

图 5-41　施工现场洗漱设施

图 5-42　施工现场洗漱间

5.1.22.1　标准原文：

生活区应设置开水炉、电热水器或保温水桶，施工区应配备流动保温水桶。开水炉、电热水器、保温水桶应上锁由专人负责管理。

5.1.22.2 条文释义：

施工现场设置开水炉、电热水器、流动保温水桶等设备、设施，为了满足施工人员基本生活用水的要求。设备、设施应上锁并由专人负责管理，目的是保证用水安全，防止投毒等恶性事件的发生。

5.1.23.1 标准原文：

未经施工总承包单位批准，施工现场和生活区不得使用电热器具。

5.1.23.2 条文释义：

施工现场和生活区的建筑，大多为临时建筑，在建筑的防火和用电设备的设计时是按照临时性质的使用功能考虑的。因此，随意使用电热器具容易引发火灾和触电事故，施工现场和生活区严禁使用热得快、电褥子、电水壶、电暖器等较大功率的电热器具，如因工作需要必须使用电暖器或施工用电热器具等，需经施工总承包单位对用电线路进行核算、确保符合标准规定，并履行审批手续。

图 5-43 施工现场设置开水炉

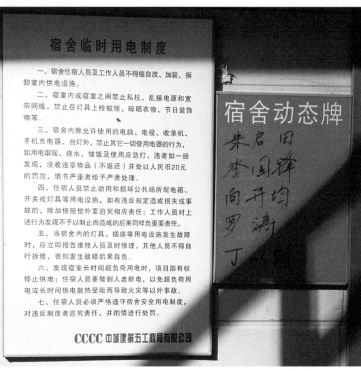

图 5-44　施工现场宿舍管理制度

5.2　卫生防疫

5.2.1.1　标准原文：

办公区和生活区应设专职或兼职保洁员，并应采取灭鼠、灭蚊蝇、灭蟑螂等措施。

5.2.1.2　条文释义：

办公区和生活区应设专职或兼职保洁员，并应对鼠害、蚊蝇、蟑螂等采取投药等灭杀措施，目的是确保办公区和生活区环境卫生，减少对周边环境卫生的影响，防止传染病的发生。

同时为了保证人员安全，各种有毒有害物品

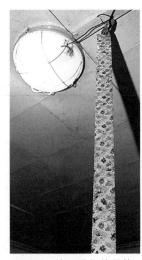

图 5-45　施工现场使用粘蝇条杀灭蚊蝇

的采购及使用应有详细记录，包括使用人、使用目的、使用区域、使用量、使用及购买时间、配制浓度等。使用后应进行复核，并按规定进行存放、保管。

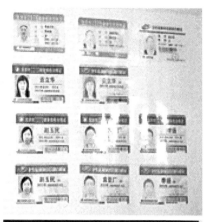

5.2.2.1 标准原文：

食堂应取得相关部门颁发的许可证，并应悬挂在制作间醒目位置。炊事人员必须经体检合格并持证上岗。

5.2.2.2 条文释义：

依据《中华人民共和国食品卫生法》的规定，食品生产经营人员必须体检合格取得健康证后方可参加工作。

依据《餐饮服务许可管理办法》的规定，餐饮服务提供者应取得餐饮服务许可证并在就餐场所醒目位置悬挂或者摆放。

图 5-46　施工现场食堂证件

食堂取得餐饮服务许可证、炊事人员取得健康证是为了保证就餐人员的食品卫生安全的基本条件，悬挂于醒目位置是为了便于监督检查。《餐饮服务食品安全操作规范》要求，餐饮服务提供者应建立每日晨检制度。有发热、腹泻、皮肤伤口或感染、咽部炎症等有碍食品安全病症的人员，应立即离开工作岗位，待查明原因并将有碍食品安全的病症治愈后，方可重新上岗。

5.2.3.1 标准原文：

炊事人员上岗应穿戴洁净的工作服、工作帽和口罩，并应保持个人卫生。非炊事人员不得随意进入食堂制作间。

5.2.3.2 条文释义：

炊事人员应准备两套工作服，勤换洗，接触直接入口食品的操作人员的工作服应每天更换。上岗应穿戴洁净的工作服、工作帽和口罩，并应保持个人卫生，不得留长指甲、涂指甲油、佩戴饰物。操作前应洗净手部，操作过程中应保持手部清洁，手部受到污染后应及时洗手。为确保食品卫生安全，防止恶性投毒事件的发生，非炊事人员严禁进入食堂制作间。

图 5-47   施工现场食堂员工穿着工作服

5.2.4.1 标准原文：

食堂的炊具、餐具和公用饮水器具应及时清洗定期消毒。

5.2.4.2 条文释义：

依据《餐饮服务食品安全操作规范》（国食药监食 [2011]395 号） 第十七条有关设施的要求，清洗、消毒、保洁设备设施的大小和数量应能满足食堂的需要。用于清扫、清洗和消毒的设备、用具应放置在专用场所妥善保管。餐用具清洗消毒水池应专用，与食品原料、清洁用具及接触非直接入口食品的工具、容器清洗水池分开。水池应使用不锈钢或陶瓷等不透水材料制成，不易积垢并易于清洗；采用化学消毒的，至少设有 3 个专用水池；采用人工清洗热力消毒的，至少设有 2 个专用水池。各类水池应以明显标识标明其用途；采用自动清洗消毒设备的，设备上应有温度显示和清洗消毒剂自动添加装置；使用的洗涤剂、消毒剂应符合《食品工具、设备用洗涤剂卫生标准》GB 14930.1-94 和《食

图 5-48　施工现场食堂消毒区

品工具、设备用洗涤消毒剂卫生标准》GB 14930.2-94 等有关食品安全标准和要求；食堂应设专供存放消毒后餐用具的保洁设施，标识明显，其结构应密闭并易于清洁。

图 5-49　施工现场食堂消毒碗柜

5.2.5.1　标准原文：

施工现场应加强食品、原料的进货管理，建立食品、原料采购台账，保存原始采购单据。严禁购买无照、无证商贩的食品和原料。食堂应按许可范围经营，严禁制售易导致食物中毒食品和变质食品。

5.2.5.2　条文释义：

依据《餐饮服务食品安全操作规范》(国食药监食[2011]395号)的有关规定:

1. 采购的食品、食品添加剂、食品相关产品等应符合国家有关食品安全标准和规定的要求。对于《食品安全法》第二十八条规定禁止生产经营的食品和《农产品质量安全法》第三十三条规定不得销售的食用农产品不得采购。

2. 采购食品、食品添加剂及食品相关产品的索证索票、进货查验和采购记录行为应符合《餐饮服务食品采购索证索票管理规定》的要求。施工现场保留食品、原料采购台账和原始单据，达到可追溯性要求。

3. 食堂应按所获的餐饮服务许可证的许可范围经营，严禁制售鲜黄花菜、发芽马铃薯、未腌制好的咸菜、未烧熟的扁豆等易导致食物中毒的食品和过期变质食品。

4. 超过100人的建筑工地食堂、集体用餐配送单位、中央厨房，重大活动餐饮服务和超过100人的一次性聚餐，每餐次的食品成品应留样。

5. 留样食品应按品种分别盛放于清洗消毒后的密闭专用容器内，并放置在专用冷藏设施中，在冷藏条件下存放48小时以上，每个品种留样量应满足检验需要，不少于100g，并记录留样食品名称、留样量、留样时间、留样人员、审核人员等。

5.2.6.1　标准原文：

生熟食品应分开加工和保管，存放成品或半成品的器皿应有耐冲洗的生熟标识。成品或半成品应遮盖，遮盖物品应有正反面标识。各种佐料和副食应存放在密闭器皿内，并应有标识。

5.2.6.2　条文释义：

依据《餐饮服务食品安全操作规范》(国食药监食[2011]395号)第二十一条的要求，切配好的半成品应避免受到污染，与原料分开存放，并应根据性质分类存放。原料加工中切配动物性食品、植物性食品、水产品的工具和容器，应分开摆放并遮盖，并有明显的区分标识，目的是为了防止食品或食品原料在存放和加工过程中被污染或交叉污染，而导致食物中毒事件的发生。各种佐料和副食应存放在密闭器皿内，并应有标识，也是为了防止食品在存放过程中被污染。

图 5-50　施工现场食堂炊具有生熟标识

5.2.7.1　**标准原文**：

存放食品原料的贮藏间或库房应有通风、防潮、防虫、防鼠等措施，库房不得兼作他用。粮食存放台距墙和地面应大于 0.2m。

5.2.7.2　**条文释义**：

以上措施是为了防止食品原料在存放过程中受到污染或发生变质。库房不得兼作他用也是为了保证食品的卫生和安全。粮食存放台距墙和地面应大于 0.2m 是为了保证通风，防止受潮霉变。

5.2.8.1　**标准原文**：

当施工现场遇突发疫情时，应及时上报，并应按卫生防疫部门相关规定进行处理。

5.2.8.2　**条文释义**：

依据本规范实施指南 3.0.5.2 条款的内容要求，施工现场发生疫情时，应逐级上报，并立即按照相应的应急预案，进行现场处置，采取封存等控制措施，并按卫生防疫部门相关规定进行处理。

图 5-51　施工现场食堂粮食存放台

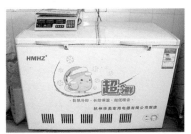

图 5-52　施工现场食堂使用冷柜贮藏食材　图 5-53　疾控中心标志

图 5-54　发生"非典"疫情时消毒